自然中的智慧

高能预警家

临　渊　著　梦堡文化　绘

河北出版传媒集团　河北少年儿童出版社

图书在版编目（CIP）数据

高能预警家 / 临渊著 ; 梦堡文化绘 . — 石家庄 :
河北少年儿童出版社，2022.3
（自然中的智慧）
ISBN 978-7-5595-4881-8

Ⅰ. ①高… Ⅱ. ①临… ②梦… Ⅲ. ①自然科学—少
儿读物 Ⅳ. ①N49

中国版本图书馆CIP数据核字（2022）第024356号

自然中的智慧

高能预警家

GAONENG YUJING JIA

临 渊 **著** 梦堡文化 **绘**

策　　划	段建军　蒋海燕　赵玲玲		
责任编辑	尹　卉	**特约编辑**	姚　敬
美术编辑	牛亚卓	**装帧设计**	杨　元

出　　版	河北出版传媒集团　河北少年儿童出版社 （石家庄市桥西区普惠路6号　邮政编码：050020）
发　　行	全国新华书店
印　　刷	鸿博睿特（天津）印刷科技有限公司
开　　本	889 mm×1 194 mm　1/16
印　　张	3
版　　次	2022年3月第1版
印　　次	2022年3月第1次印刷
书　　号	ISBN 978-7-5595-4881-8
定　　价	39.80元

版权所有，侵权必究。

若发现缺页、错页、倒装等印刷质量问题，可直接向本社调换。

电话：010-87653015　传真：010-87653015

目录

不知什么时候，松树林的泥土里钻出了一些“红白配”的小蘑菇。洁白的菌柄上顶着鲜红的菌伞，上面还点缀着一个个小白点，老远就能看见它们。

这些很容易被认出来的蘑菇，就是毒蝇伞，也有人叫它们蛤蟆菌。点点白色小鳞片搭配鲜红色的伞状菌盖，这样美丽、鲜明的形象，构成了这种蘑菇“我有毒，离我远点儿！”的警戒色。

毒蝇伞

人们用泡着毒蝇伞碎块的牛奶来杀死苍蝇

据说在很早以前，欧洲人喜欢把这种蘑菇切碎泡在牛奶里，杀死被牛奶吸引来的苍蝇以及其他小飞虫。显然，很早以前，人们就已经意识到毒蝇伞有毒。

现在，科学家研究发现，毒蝇伞含有多种有毒物质，如果不小心吃了它，十有八九会恶心、心悸、痉挛，还很可能会出现幻觉。

人们把吃下去会产生幻觉的蘑菇叫致幻蘑菇，也叫神奇蘑菇。这是一个较大的家族，除了毒蝇伞之外，还有橘黄裸伞菇、裸盖菇等。

毒蝇伞是一种有毒的蘑菇

橘黄裸伞菇

裸盖菇

毒蝇伞可以和很多种树木一起生活，比如松树、杉树、桦树、栎树等，其中，它们最喜欢的是松树。

毒蝇伞因其美丽的外表赢得了很多人的喜欢，很多图书、贺卡、动画片和装饰品中都有它们的身影。

在野外，不是只有美丽的蘑菇才有毒，有些不那么漂亮的，比如裸盖菇，虽然长得像一把小灰伞，但是它也有毒。记住，千万不要随便采摘野外生长的蘑菇，更不要随便吃它们。

茂密的绿叶中，一个个鲜红的辣椒探头探脑、跃跃欲试。嘿，辣椒，你为什么变得这么红？难道不怕被发现，被吃掉吗？

红辣椒当然不怕被发现，也不怕被吃掉。

说句老实话，如果那些哺乳动物，比如老鼠，吃了红彤彤的辣椒的话，辣椒里含有的辣椒素一定会给它一个“热辣辣”的教训，保证它从此以后再也不想吃辣椒了。对于很多爱吃成熟果实的哺乳动物来说，辣椒那鲜艳的红色就是一种无声的警告！

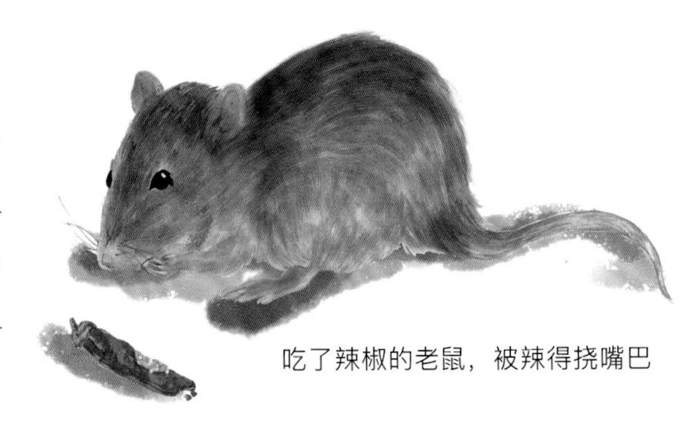
吃了辣椒的老鼠，被辣得挠嘴巴

鹦鹉很喜欢吃辣椒

辣椒红色的警戒色可以阻止自己被哺乳动物吃掉。因为哺乳动物有牙齿，还很容易就把又小又嫩的辣椒种子嚼烂消化掉。相比之下，它更希望被鸟儿吃，因为鸟儿没有牙齿，也不会把辣椒种子消化掉，还可以把辣椒种子带去更远的地方繁殖，因为鸟儿根本感受不出辣。

辣椒原产于南美洲热带地区，明朝时才传入中国。那时候，中国人主要把辣椒当成观赏植物，或者药物。

刚结出的辣椒是绿色的，随着它慢慢长大、成熟，最后变成了鲜红色，也有变成黄色、紫色的。

不同颜色的辣椒

不是所有的辣椒都是辣的，比如，“紫美人”灯笼椒就是一种甜椒，号称世界上最没有辣味的辣椒，吃起来简直和水果一样清甜。

如果吃到一个特别辣的辣椒，想要解辣的话，喝水不如喝奶，牛奶、酸奶甚至豆奶等都可以。因为奶制品里有一种叫作酪蛋白的蛋白质，可以与引起辣感的辣椒素相结合，将它包裹起来，从而让人感觉不那么辣。

“紫美人”灯笼椒

八字褐刺蛾幼虫

快来看啊！茄冬的叶片上趴着一只毛毛虫，不，是叠在一起的两只毛毛虫。它们长着好似长方体的身体，有点儿像公共汽车，背上有细细的蓝条纹，侧面还开着蓝色的“小车窗”，身上还有一簇簇直挺挺的毛。好漂亮！真想摸一下啊！

住手！仅可围观！无论多么渴望，也千万不要摸它！

因为这位长得奇形怪状的家伙就是八字褐刺蛾幼虫，它把自己"打扮"得这么炫目，就是为了提醒所有看到它的动物："有种的话，尽管放马过来！"

绿色的八字褐刺蛾幼虫

没错，八字褐刺蛾幼虫才不怕被抓呢。事实上，大多数的刺蛾幼虫都不怕。它们身上一撮撮的毛，十有八九含有毒素，且毛的末端还可能有倒刺。要是碰它一下，感觉如同触电，皮肤很快就会又红又肿又疼，严重的话还会危及生命。因此人们常常把刺蛾幼虫称为"痒辣子""火辣子"或者"刺毛虫"等。

常见的八字褐刺蛾幼虫，除了有绿色的，还有红色的。它们虽然体色不一样，但都喜欢吃树叶，在很多地方都能发现它们的身影。

八字褐刺蛾

红色的八字褐刺蛾幼虫

八字褐刺蛾幼虫是那么鲜艳可爱，但从蛹中飞出来的八字褐刺蛾成虫却是一身黄褐色，显得相貌平平、灰头土脸。这大约是因为它没有了毒素防身，只好尽量"低调"，让天敌忽略自己。

丁香树叶上的黑点扁刺蛾幼虫

刺蛾家族中有很多成员，它们的幼虫大多颜色鲜明，造型尤其有个性，比如黑点扁刺蛾幼虫，看起来像淋了一道黄色奶油的绿软糖，身体两侧还有两个可爱的小红点，要不是有一圈刺毛，简直让人想拿起来咬一口呢。

刺蛾家族的幼虫没有明显的"脚"，只有具有黏性、看起来如同吸盘一样的腹部，因此它总是慢悠悠地蠕动，身后还会留下一条鼻涕似的痕迹。

小白纹毒蛾幼虫

快看树干上的这些毛毛虫呀！

它们有着鲜红的小脑袋，一身密密麻麻的白色毛刺和褐色毛束，头顶两根长长的黑色毛丛，体背前段还有四丛黄色的毛，十分醒目，生怕别人看不见自己似的。

这些小家伙正是小白纹毒蛾幼虫。

小白纹毒蛾幼虫刚从卵里孵出来时，体背是黑色的，虽有刺毛，但还不算亮眼。当成长到了幼虫期的最后阶段，也就是马上要结茧化蛹时，小白纹毒蛾幼虫最忙的事儿就是毫无顾忌、使劲地吃东西。为了减少不必要的麻烦，此时的小白纹毒蛾幼虫便换上了艳丽的“刺毛服”，以此向外界宣布：“我有毒，别惹我！”

小白纹毒蛾低龄幼虫　　小白纹毒蛾高龄幼虫

事实也是如此。小白纹毒蛾幼虫的刺毛不仅有毒，还特别容易脱落，因此它们经过的地方常常留下一些刺毛。曾经有人只是摸了小白纹毒蛾幼虫活动过的地方，就中了招儿，不仅皮肤瘙痒难耐，而且还起了不少红疹子。

小白纹毒蛾幼虫能在很多种植物上生活，吃掉它们的花蕊或嫩叶，简直称得上“饥不择食，无所不吃”。

小白纹毒蛾幼虫啃食杧果花的花蕊

小白纹毒蛾幼虫在结茧化蛹时，会吐出很多丝将自己包裹起来。茧可以保护一动不动的蛹，茧的外面留存着很多幼虫有毒的刺毛，可以保护茧。

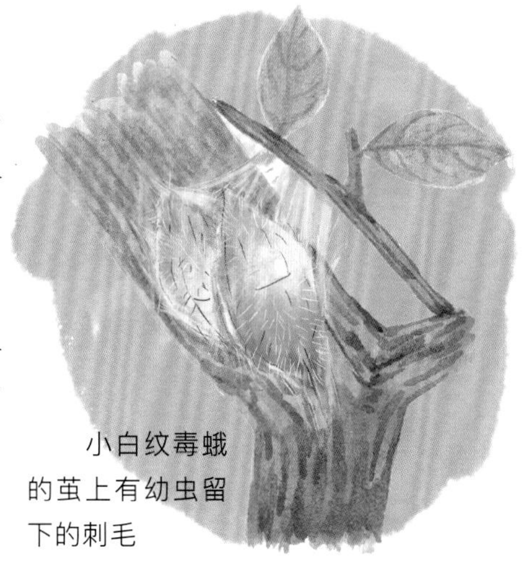

小白纹毒蛾的茧上有幼虫留下的刺毛

从茧中钻出来的雌性小白纹毒蛾，体色暗淡，翅已经退化，所以它总是静静地待在茧上或茧的附近，并且释放出一种特别的气味，等待着有翅的雄性小白纹毒蛾自动找上门来。

小白纹毒蛾妈妈在同一个地方可以产下三四百颗卵。这些乳白色的卵又小又精致，它们挤在一起，上面还覆盖着小白纹毒蛾妈妈留下的刺毛，这是小白纹毒蛾妈妈最后赠送给它们的礼物。

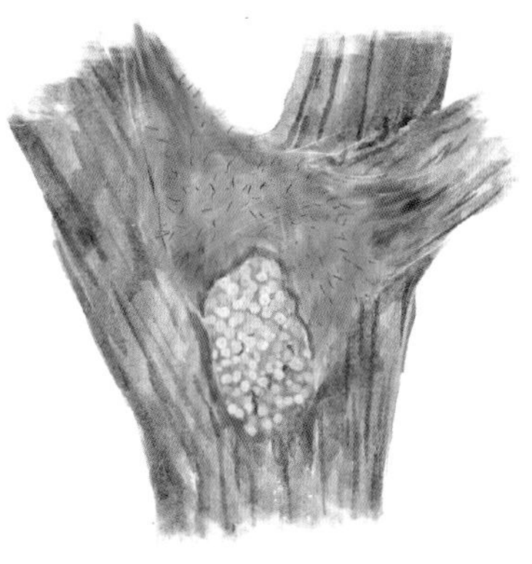

小白纹毒蛾的卵

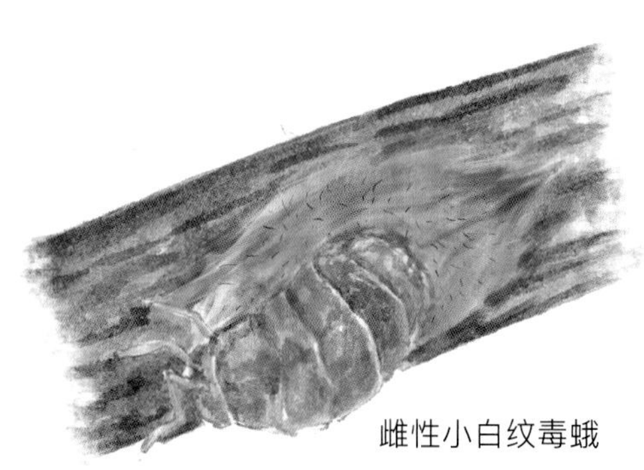

雌性小白纹毒蛾

毒隐翅虫

夏天的湿地公园里，虽然天已经渐渐黑了，但依然人来人往。看啊，路灯下，有个小孩的胳膊上竟然趴着一个奇怪的小虫——大约 1 厘米长，从头到尾是明显的黑红条纹。

这个奇怪的小虫正是一种毒隐翅虫，毒隐翅虫家族有上百种成员呢。

对偶尔停落在人身上的毒隐翅虫千万不能打，因为如果毒隐翅虫受到了袭击，比如被拍打、碾压，它们就会奋力反击——喷射出酸性的雾液，烧伤对方的皮肤。当然，毒隐翅虫也不想这样，所以它们独特的带条纹的体色仿佛在提出警告：“别打我，否则咱们两败俱伤！”

夏秋季节，毒隐翅虫常常在低海拔地区出没。天黑时分是毒隐翅虫最忙的时候，它们在稻田、沼泽地、湿地等潮湿的地方飞来飞去，忙着寻找蚜虫、叶蝉、飞虱等昆虫，以便填饱肚子。

毒隐翅虫寻找它的食物

毒隐翅虫其实没有毒腺，也不蜇人，即使在人的皮肤上爬来爬去，也不会造成实质上的伤害，但会让人感到不舒服。

如果毒隐翅虫停在了身上，又不能打，怎么办呢？可以试试直接向它吹气，吹走它。如果不小心拍死了毒隐翅虫，要赶快用大量清水冲洗，严重时最好到医院接受治疗。

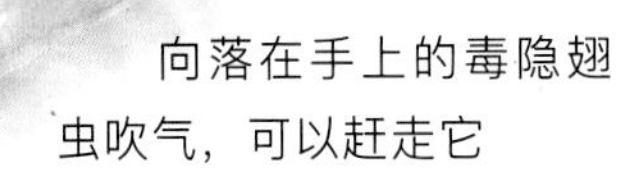

向落在手上的毒隐翅虫吹气，可以赶走它

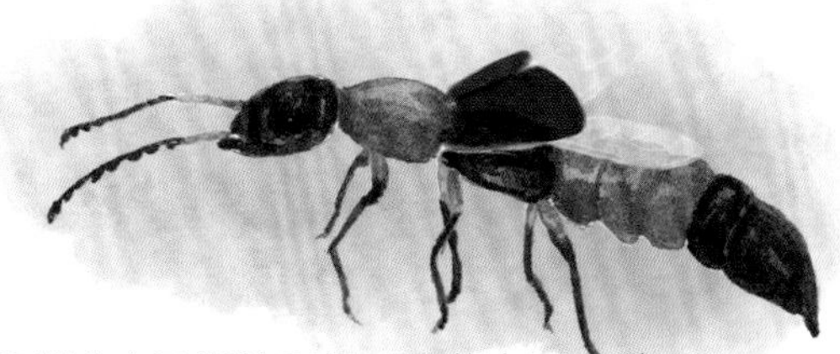

毒隐翅虫在飞翔的时候，会将自己一对隐藏在前翅下的透明后翅伸展出来

毒隐翅虫和许许多多会飞的昆虫一样，也有两对翅，只不过它们中的绝大多数都把后翅藏在了短短的前翅之下，看起来像没有翅一样，因此叫隐翅虫。

在这个种满了马利筋的花园里，总有很多小动物来来往往，其中最醒目的还是君主斑蝶，它们个头儿大，体色鲜艳，像一朵朵会飞的花一样，简直让人移不开眼睛。

鸟儿向来是蝴蝶最可怕的天敌之一，君主斑蝶却根本不在意，其中的原因还得从君主斑蝶妈妈说起。

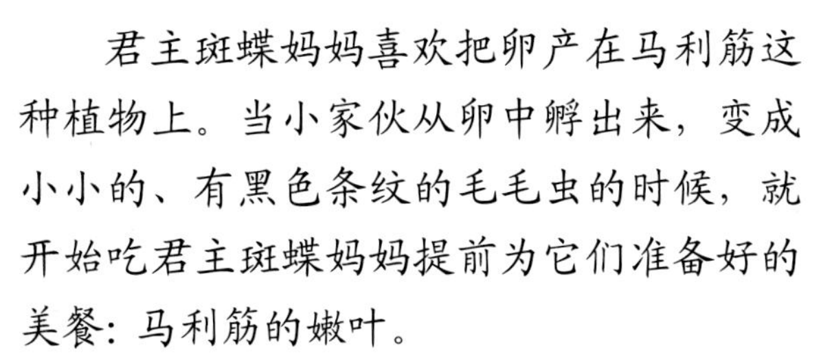

白头翁鸟发现了君主斑蝶，但它是不会捕食君主斑蝶的

君主斑蝶妈妈喜欢把卵产在马利筋这种植物上。当小家伙从卵中孵出来，变成小小的、有黑色条纹的毛毛虫的时候，就开始吃君主斑蝶妈妈提前为它们准备好的美餐：马利筋的嫩叶。

马利筋是一种有毒的植物，它们全身都含有毒素，但君主斑蝶幼虫全不在乎，它们有一种天生的本领，不仅不会被马利筋的毒素毒死，还能把其中的毒素储存在自己体内，也就是说，君主斑蝶幼虫也是有毒的。而且，即使它变成蛹，变成蝴蝶之后，身上照样有毒素。这让所有吃过它的鸟儿都深深记得：这种美丽的家伙太难吃啦，以后再也不吃啦！

雄性的红紫蛱蝶

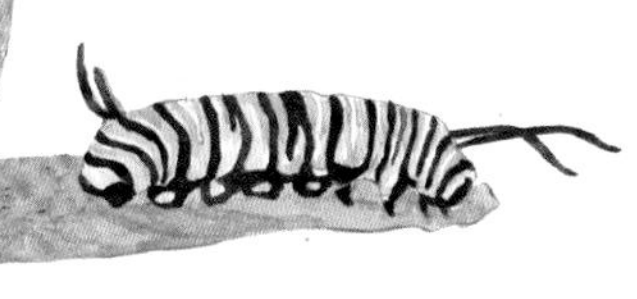

君主斑蝶幼虫啃食马利筋的嫩叶

雌性的红紫蛱蝶长得很像君主斑蝶

大约君主斑蝶“警告”鸟儿的本领过于强大，以至于有些其他种类的蝴蝶都模仿它的花色，比如雌性的红紫蛱（jiá）蝶，虽然无毒，但是长得也和君主斑蝶一样，拥有醒目的橘黄、黑、白色交杂的颜色，十分鲜艳。

所有的昆虫都是“冷血”动物，它们不能自行调节体温，因此，当外界温度降低，冬天即将来临的时候，它们中有很多或以卵、幼虫、蛹的形态过冬，或者死去。但有些却是例外，比如，君主斑蝶会扇动着翅飞到温暖的地方去越冬，君主斑蝶是像候鸟一样会迁徙的昆虫。

君主斑蝶会飞到温暖的地方过冬

鲜花丛中，让人一眼就认出来的总是蜜蜂，它们穿着黄黑相间的“马甲”，飞来飞去，不时停在一朵花上辛勤地劳作。

蜜蜂腹部
末端的螫针

对于蜜蜂来说，这身黄黑相间的“马甲”就是它无声的警告：“离我远一点儿！我是有毒针的！”如果对方无视警告，依然打算对蜜蜂不利的话，它将会启用腹部末端那根又长又细的螫（shì）针，毫不留情地发动攻击。

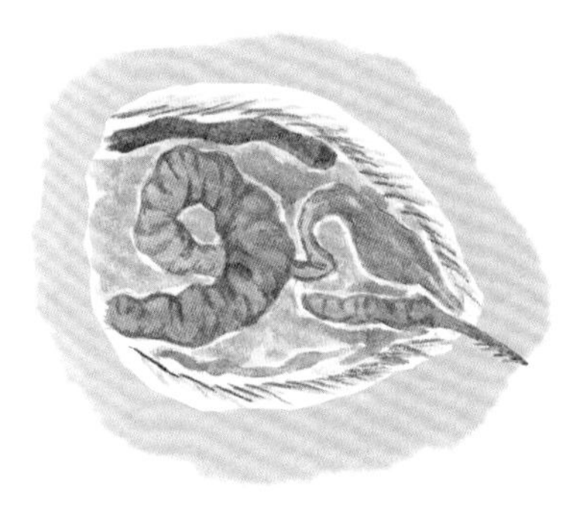
蜜蜂的螫针与体内的内脏相连

这是一种悲壮的袭击，因为蜜蜂很可能因此死去。因为这些外出采蜜的蜜蜂其实是工蜂，它的螫针是没有完全发育好的产卵器，其一头和腹部的毒腺、内脏相连，另一头的末端长着小倒钩。螫针刺进对手身体时，就没办法拔出来了。于是，螫针和部分内脏被迫留在对手身上，而失去了内脏的蜜蜂，并没有再生的能力，其结局可想而知。

食蚜蝇

蜜蜂的黄黑警戒色非常有用，以至于没有螫针的食蚜蝇也扮成了蜜蜂的样子，食蚜蝇的体色和斑纹都酷似蜜蜂，也一样喜欢访花吸蜜。

在蜂巢里忙碌的工蜂

一个蜂群主要由蜂王、工蜂和雄蜂组成，其中，工蜂是未发育完全的雌蜂，不仅数量最多，承担的任务也最重，比如筑巢、清洁巢房、伺候蜂王吃喝、喂养幼虫、担任守卫、采蜜酿蜜等。所以，工蜂的寿命很短，往往只有一两个月。

蜂　王

蜂王是蜂群的首领，拥有极强的生育能力，它的毕生使命就是产卵、产卵、再产卵！一般蜂王可以活三四年。

雄蜂体形比工蜂稍大一些，它们除了吃喝之外，什么活儿都不干。雄峰的唯一任务就是和蜂王交尾，然后离开，悄悄离世。

黄腰虎头蜂

如果你在杧果树枝上看到了一个蜂巢，上面还有一道道的“虎斑纹”，偶尔还有一些蜂进进出出，它们的个头儿比蜜蜂大些，腹部前半截是明亮的黄色，后半截是黑色的。

那么，快走！因为你看到的正是黄腰虎头蜂和它的家。

黄腰虎头蜂，从它的名字就可以猜到，这家伙一定很凶猛。没错，黄腰虎头蜂大颚有力，毒性强，最喜欢抓各种毛毛虫回去给自家的幼虫吃。这么说吧，它简直凶得像老虎一样，有时连亲戚，比如蜜蜂等也不放过。这大约也是它得名的原因。

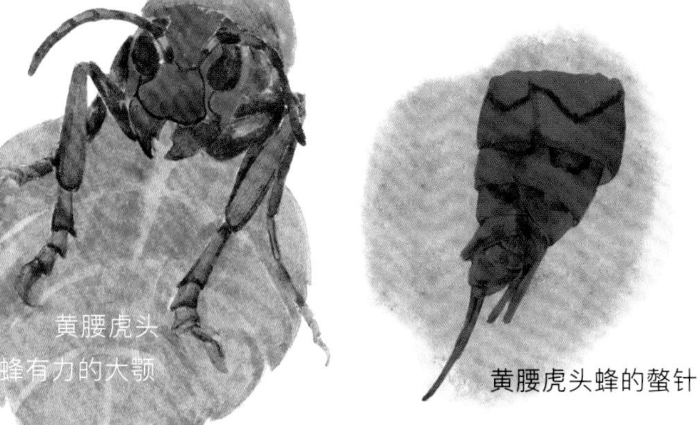
黄腰虎头蜂有力的大颚

黄腰虎头蜂的螯针

和蜜蜂一样，黄腰虎头蜂的工蜂也有螯针，且与毒腺相连，不过，黄腰虎头蜂的螯针主要是用来猎食的，不是一次性使用的，可以一用再用。

当然黄腰虎头蜂也用它鲜亮的体色发出警告："小心，我又凶又有毒！"

收到气味信息赶来的黄腰虎头蜂

黄腰虎头蜂一旦感受到危险，它们就会分泌出一种特别的气味，传播到四面八方，收到信息的同伴们会迅速赶到，发起群蜂攻击。

黄腰虎头蜂的工蜂还是"超级建筑师"，它们用分泌物混合树叶和泥土等修筑的蜂巢，只有一个圆形的出入口，蜂巢内一层又一层，每层都有很多小房间，且都开口朝下，黄腰虎头蜂的卵、幼虫与蛹都倒挂着悬垂在里面。

黄腰虎头蜂的蜂巢内部构造

黄腰虎头蜂吸食腐烂的杧果

黄腰虎头蜂的幼虫主要吃毛毛虫，等它变成黄腰虎头蜂成虫之后，就开始吸食树液、腐烂的果实或花蜜，不会直接吃肉了。

七星瓢虫

它有黄豆大小的身体，黑色的脑袋，一对褐色的触角，鲜红的鞘翅上面还有不少小黑点呢，从左到右数数看，一、二、三……没错，正好七个小黑点。它是谁？

嘿，原来是七星瓢虫呀！

仔细看，一只七星瓢虫正蹲守在一个花芽上，专心致志地对付蚜虫呢！只见它伸出了那对锋利无比的大颚，干净利索地咬住了一只小蚜虫，接下来一只又一只……对七星瓢虫来说，这些蚜虫就像是可以随意吃的小点心一般，一天至少能吃一百多只。

七星瓢虫
捕食蚜虫

可是，作为一只小小的昆虫，七星瓢虫为什么不担心被其他动物吃掉呢？原因很简单，七星瓢虫很难吃，很多动物对它都不感兴趣，而它也用红艳艳的体色告诉对方：“我可一点儿也不好吃！”

七星瓢虫妈妈总是把亮黄色的卵产在叶片背面有蚜虫出没的地方。这样一来，它的“孩子们”一孵化出来就有蚜虫可以吃啦。

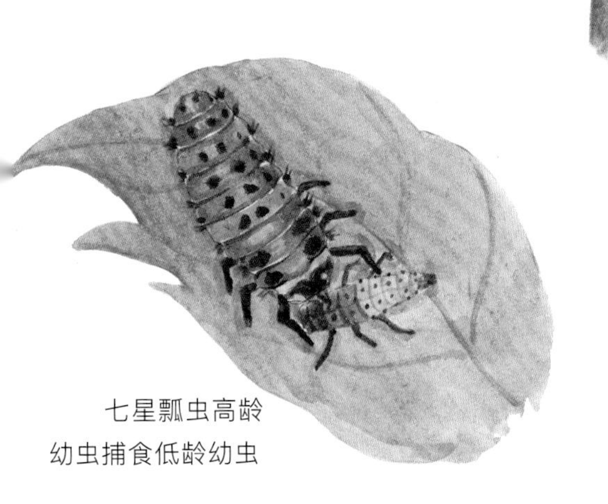
七星瓢虫高龄
幼虫捕食低龄幼虫

七星瓢虫产的卵

七星瓢虫幼虫十分贪吃，如果周围的蚜虫不够吃的话，它们甚至会吃掉自己的兄弟姐妹，尤其是那些刚蜕完皮、脆弱无助的瓢虫低龄幼虫。

七星瓢虫还是“装死大师”。如果感受到危险，七星瓢虫就会立刻六脚一缩，六脚朝天，一动也不动，好像死了一样。等到危险远离了，它们才会恢复如初。

七星瓢虫擅长“装死”以躲避敌害

红椿象

当灯笼树的果实、种子和树叶掉到地面上时，往往会吸引来一群又一群的红色小虫，就像一个个会走路的枸杞。

这是一群特别机灵的小虫。

当好奇的人走过去看，它们便飞快地“消失”了。可是，如果在附近静静地等待，不需要太长时间，就会发现这些小家伙又都慢慢地从草丛中、石头下、地上的果实里、树洞深处等地方悄悄溜达出来了。它们有大有小，大的不过一厘米长，小的还没有小朋友的指甲大，每一个都是红红的，这些家伙都是红椿象。

从草丛、石头下、果实里、树洞中爬出来的红椿象

卵

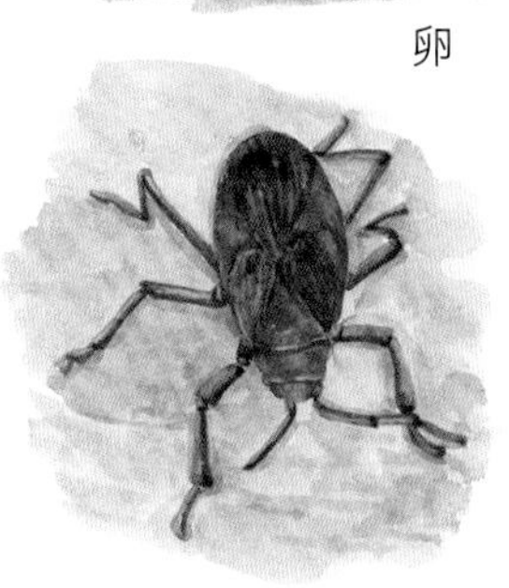

成　虫

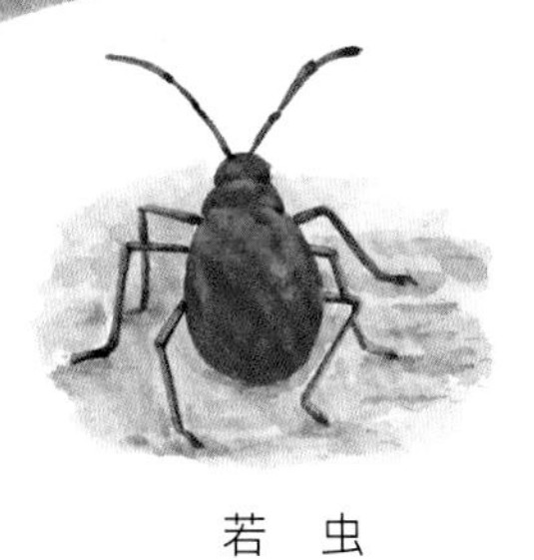

若　虫

红椿象是不完全变态发育的昆虫，它的一生没有蛹的阶段，只有卵、若虫和成虫三个阶段。若虫和成虫会在一起生活，若虫需要经过五次蜕皮才能成为成虫。

红椿象无论若虫、还是成虫的体色都是红的，它们聚集在一起，就是红通通的一大片。大自然中，鲜艳的红色也是一种警告色，会让天敌以为它们是有毒的。红椿象以此恐吓天敌，从而减少被吃掉的概率。

虽然红椿象的红色警戒色可以很好地恐吓食客们，但是仍有一些鸟儿，比如白头翁鸟、绿绣眼鸟、小雨燕、赤腰燕、家燕及麻雀等，会像吃豆子一样一个个地吃掉它们。对此，红椿象还有一个办法就是多产卵，力求“多子多孙”。

红椿象产卵

绿绣眼鸟捕食红椿象

红椿象是草食性昆虫，除了吸食灯笼树的汁液、果实外，还会吸食其他植物的花和茎中的汁液。偶尔，它们会同类相残。

梭德氏棘蛛

快看呀！树丛里竟然藏着一只鲜黄的“小飞碟”，比指甲盖儿大不了多少，似乎还在慢慢地动呢！

然而，等我们走近观察，却很可能找不到“小飞碟”了。

如果你的脚步更轻一些，也许可以看到“小飞碟”的真面目。它鲜黄色的身体宽宽的，上面有一些斑驳微凹的斑点，像被虫子咬过留下的洞；它身体的边缘有三对紫红色的棘刺，中间那对不仅最长，还稍稍上弯；此外，它没有触角，有八条“腿”（四对足）。

莫非“小飞碟”是蜘蛛？

梭德氏棘蛛与普通蜘蛛的外观差别很大

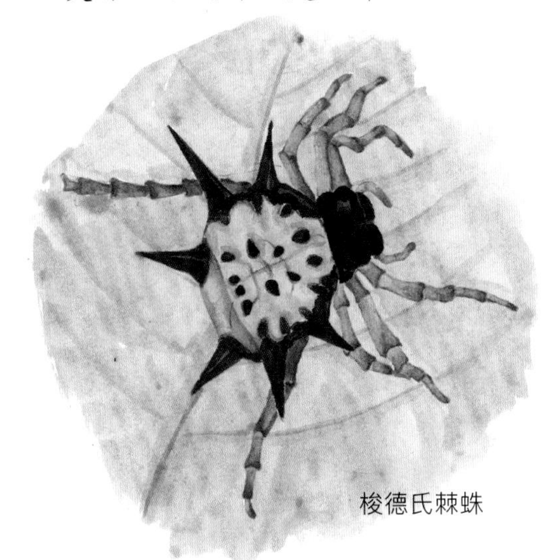

梭德氏棘蛛

是的，“小飞碟”的名字是梭德氏棘蛛，是一种蜘蛛。即使在整个蜘蛛家族，梭德氏棘蛛的腹部也算是比较宽的，它那坚硬的腹部和棘刺，是它所属的小家族——棘蛛家族的显著特征。而拥有艳丽的黄、黑、红三色则是梭德氏棘蛛的独特声明：“我难以下咽，千万别吃我。”

梭德氏棘蛛常常在树丛中织一个圆形的网，然后待在网中央，静静等待着猎物自投罗网。和其他同类一样，梭德氏棘蛛也热爱“吃肉”。

一只蚊子撞在了梭德氏棘蛛织的网上

所有的蜘蛛都会吐丝，但不是所有的蜘蛛都会织好网等待着猎物自动上门，比如，狼蛛就喜欢像狼一样通过追踪、潜伏来捕食。

如果感觉到危险，梭德氏棘蛛有时候会“装死”掉到草丛中，随后逃之夭夭；有时候梭德氏棘蛛会逃到蛛网的上方，或周围树叶中隐蔽的地方躲藏起来。

不论动物，还是植物，一般来说，只要名字里有“某某氏”，就表示它是“某某氏”首先发现的，或是为了纪念“某某氏”。梭德氏棘蛛是为了纪念19世纪德国学者梭德而命名的。

遇到危险时，梭德氏棘蛛会“装死”掉到地上去

蜘蛛很常见，可是你见过有眼睛，有鼻子，有嘴巴，长得人脸模样的蜘蛛吗？

它就是人面蜘蛛的雌蛛。

雌性人面蜘蛛善于织网，它织出的网又大又工整。至于它自己，也比多数蜘蛛更大，更漂亮。

人面蜘蛛雌蛛体长大约四厘米，八条“腿”（四对足）又细又长，金黄色的头胸部有几个小小的“凹陷”，看起来如同人的眼睛、鼻子、嘴巴一样，它因此而得名；再加上它黑色的有着黄色、灰白色条纹的腹部，保准你不管是在树林里、农田中还是花园里遇到，都能一眼认出它来。

大自然中，几乎没有两只人面蜘蛛雌蛛的“人脸”是一模一样的。

雌性人面蜘蛛

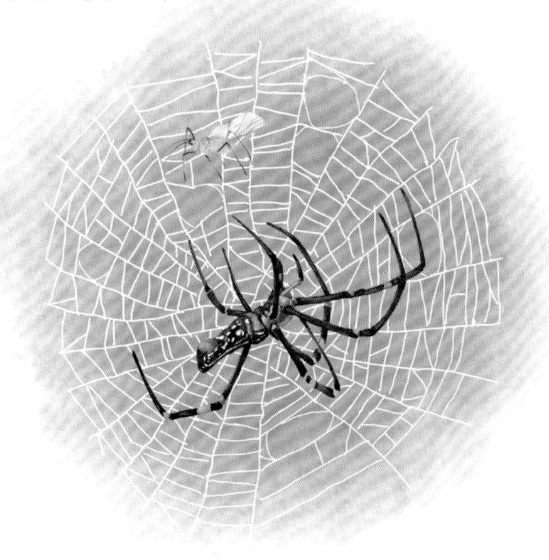

人面蜘蛛雌蛛向猎物爬去

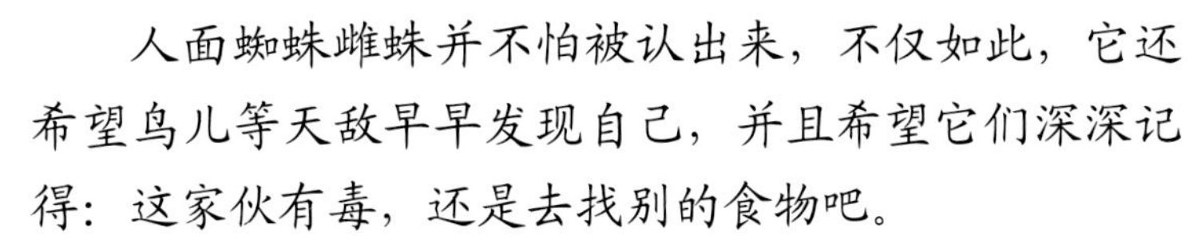

人面蜘蛛雌蛛并不怕被认出来，不仅如此，它还希望鸟儿等天敌早早发现自己，并且希望它们深深记得：这家伙有毒，还是去找别的食物吧。

老实说，人面蜘蛛虽然长相奇怪还有毒，但它的毒液对人类的影响不大。

人面蜘蛛雌蛛总在蛛网上等待。一旦猎物，比如各种昆虫撞上网，网就会振动，人面蜘蛛雌蛛便马上爬过去用有毒的大颚将对方麻醉，然后吃掉。

如果它还不饿的话，会喷出一些丝将猎物缠上“打包”，并挂在网上，等饿了再吃，所以人面蜘蛛雌蛛的网上经常会挂着各种各样的猎物。

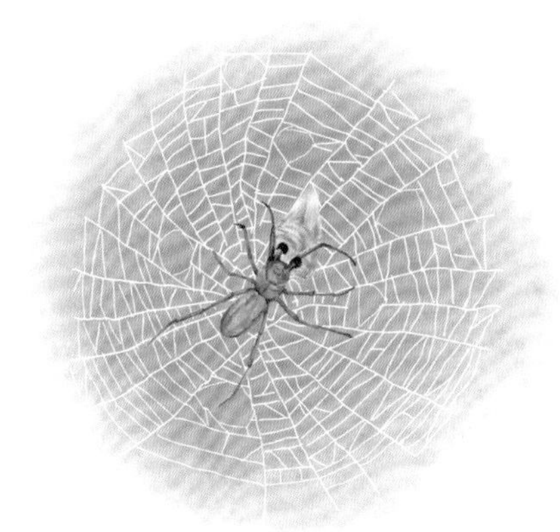

雄性的人面蜘蛛到雌性的蛛网上吃“打包”好的猎物

人面蜘蛛雄蛛的身长只有雌蛛的五分之一，和雌蛛不一样，它的体色是红色的。人面蜘蛛雄蛛常常跑到雌蛛的网上，希望有机会和雌蛛结婚，并且“蹭”点儿食物吃。

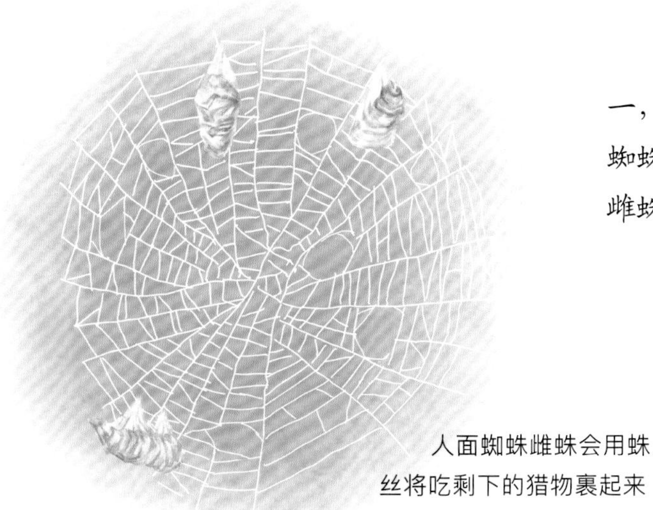

人面蜘蛛雌蛛会用蛛丝将吃剩下的猎物裹起来

人面蜘蛛雌蛛常常修补或重织自己的网。在重新织网之前，人面蜘蛛雌蛛会把旧网吃掉，十分环保。

在中美洲地区的热带雨林深处，阳光穿过雾气洒在高高的树冠上。一个比手指甲大不了多少的橘红色身影正在树干上奋力攀爬着。

它是谁，它在干什么？

这个可爱的小家伙正是传说中的草莓箭毒蛙。仔细看，它那身带着小黑点的橘红色皮肤，再加上蓝色的四肢，看起来是不是很像一个穿着蓝色牛仔裤的小草莓？

几乎所有的箭毒蛙都有可怕的毒液，它们的毒素主要来源于食物，比如有毒的蚂蚁、蜘蛛等。在过去很长一段时间里，当地的猎人习惯用箭毒蛙的毒液来涂抹箭头，制造出足以致命的毒箭。

草莓箭毒蛙的毒液在整个箭毒蛙家族中不是最厉害的，但也足以令敌人望而生畏，所以小小的草莓箭毒蛙大白天就敢在树上爬来爬去，寻找食物或者把它的孩子——小蝌蚪送到积水凤梨的“小水塘”里。

草莓箭毒蛙爬到积水凤梨的叶上

在热带雨林里，积水凤梨常常附生在树木上。它的蜡质叶片紧紧地围成一个“大碗”，雨水落在里面，便会形成一个“小水塘”。很多小动物，包括草莓箭毒蛙都会来这里喝水、捕食。

草莓箭毒蛙妈妈常常在积水凤梨的叶上产下几粒卵，等卵孵化出小蝌蚪，草莓箭毒蛙妈妈就把小蝌蚪一个个背到积水凤梨的“小水塘”里，让它们在那儿渐渐长大。

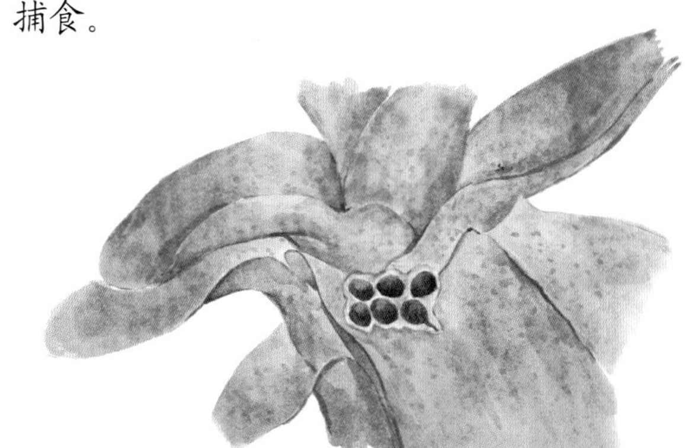

草莓箭毒蛙的卵

草莓箭毒蛙背着一只小蝌蚪来到积水凤梨上

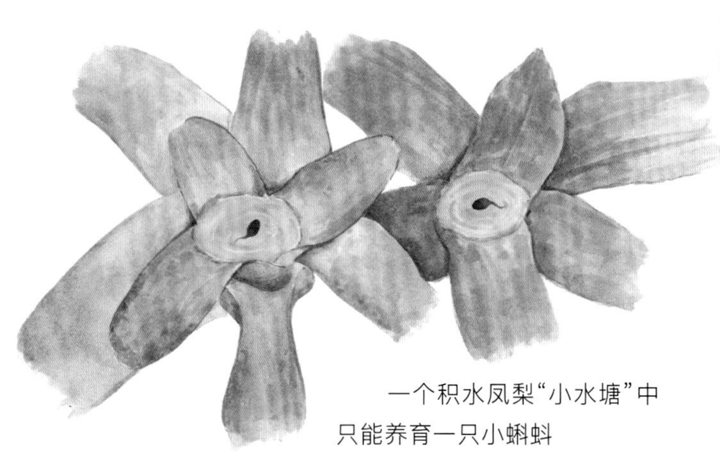

一个积水凤梨“小水塘”中只能养育一只小蝌蚪

草莓箭毒蛙妈妈在一个“小水塘”里只放一个小蝌蚪，因为它的“孩子们”生性好斗，如果两个相遇，就会大战一番，直到其中一个死掉。

科学家发现，草莓箭毒蛙除了橘红色的，还有很多种其他体色的，比如蓝色、黄色、绿色的。

东方铃蟾

一块石头突然“扑通”一声落到了池塘里，打破了之前的宁静，鱼虾四散游走。然而，蹲在池塘边石块上的一只蛙却努力露出了自己布满黑斑的橙红色肚皮！

这只蛙就是东方铃蟾，也有人叫它臭蛤蟆或红肚皮蛤蟆。

东方铃蟾灰棕色（或绿色）的头、躯干和四肢背面都长满了大大小小的刺疣（yóu），看起来似乎和一只普通的蟾蜍差不多。但是，一旦东方铃蟾受到惊扰或遇到攻击，就会情不自禁地露出鲜艳的肚皮，明白无误地向对方发出严厉警告："我有毒！"

东方铃蟾没有骗人，它虽然没有蟾蜍背上那么大的毒腺，可是皮肤多多少少也能分泌出一些白色的毒液，足以给那些讨厌的天敌，比如水鸟或蛇一点儿难忘的教训。

东方铃蟾

蟾　蜍

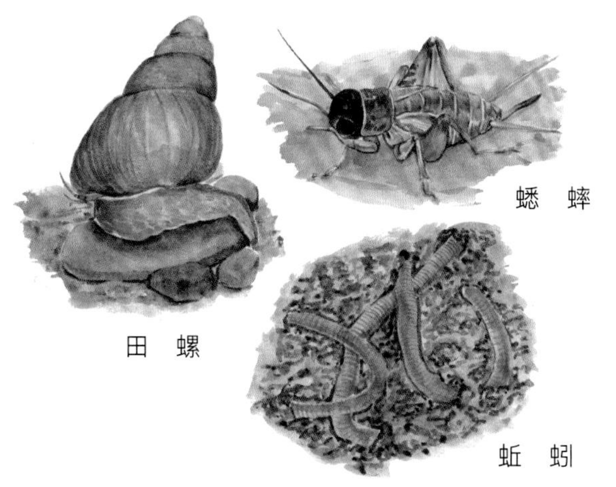

蟋　蟀

田　螺

蚯　蚓

大约是自恃有毒的缘故，东方铃蟾和箭毒蛙一样，喜欢在白天活动，但它不喜欢跳跃，也不爱挖洞，总是慢慢悠悠地爬来爬去。

东方铃蟾和它的蛙亲戚们一样，也是"肉食爱好者"。在它们的菜单上，既有蠕虫、小型甲壳类动物和其他无脊椎动物，也有飞虫。

很多青蛙或是蟾蜍都能把舌头像弹簧一样快速弹出来，黏住猎物，再迅速收回到嘴里。可是，东方铃蟾却没有这个本领，它的舌头完全无法伸出，只能像鱼一样张口吞食。

东方铃蟾吞食食物

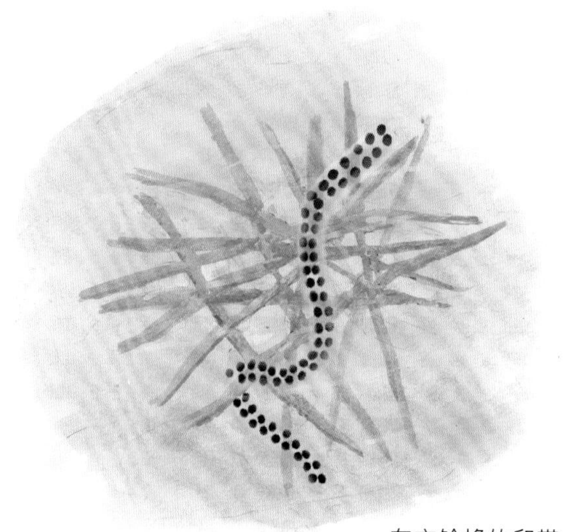

东方铃蟾的卵带

每年的5月到7月是东方铃蟾产卵的时候，东方铃蟾妈妈可以多次产卵，一次产几十甚至上百个卵。这些卵或者沉在浅浅的水塘底部，或者附着、缠绕在水生植物上。大约三天后，这些卵就会孵出可爱的小蝌蚪。

阴暗的落叶林里，在落叶间和枯木的缝隙中，火蝾螈总是很抢眼，它的个头儿比一般的蜥蜴要大些，拥有一身闪亮的黑色皮肤，上面点缀着大小不一的黄色斑点，十分醒目。

火蝾螈

火蝾螈之所以长得这么亮丽，绝不是为了炫耀，而是为了提醒那些企图靠近它的捕食者：“我有毒，我一点也不好吃！”

火蝾螈没有说谎。它皮肤上的那些“黑头”，以及眼后和背脊两侧那一连串的小“鼓包”，都能分泌出一种牛奶状的毒液。这种毒液称为蝾螈碱，吃到嘴里又麻又辣，别提多难受啦。这一点，当地捕食者的祖祖辈辈都知道，所以，它们很少会去捕食火蝾螈。火蝾螈也因此过上了相对安全的日子。

火蝾螈名字中之所以有“火”，据说和它的生活习性有关。火蝾螈很喜欢躲藏在枯木中，当地人如果拿枯木来烧的话，就可能看到火蝾螈从火中蹿出的景象，因此送了它这个美名。

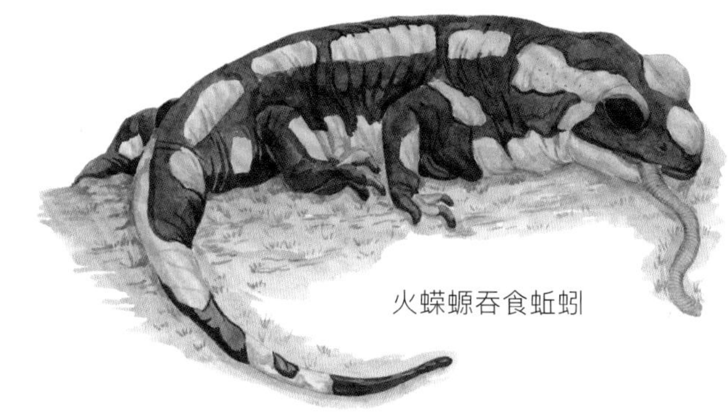

火蝾螈吞食蚯蚓

火蝾螈是“肉食爱好者”，不管是蟋蟀、蚯蚓、蛞蝓，还是蛙和其他蝾螈等小型脊椎动物，只要是能吞得下的猎物，它都来者不拒。

从燃烧的木柴中蹿出的火蝾螈

火蝾螈通常是卵胎生的。卵在火蝾螈妈妈的体内孵化成幼螈，随后被火蝾螈妈妈生到水里去。幼螈必须先在水里生活 3 ～ 5 个月，才能爬到陆地上活动。

生活在水中的幼螈

有些蛇，比如住在竹林里的竹叶青蛇，猛一看，特别像绿色的叶子。这样，无论是猎物还是天敌都不容易发现它。然而，有些蛇却长得很显眼，比如珊瑚蛇。

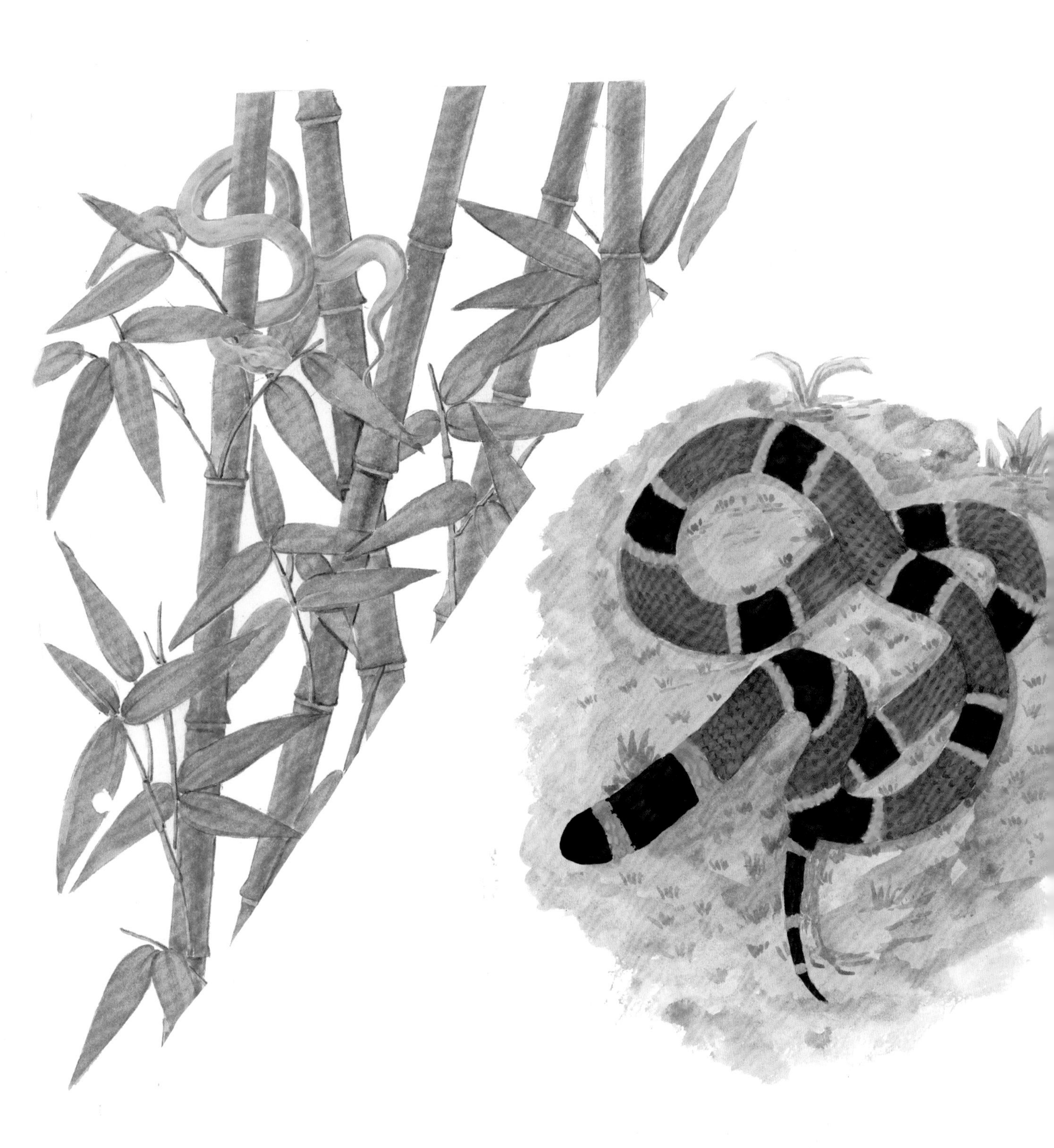

珊瑚蛇很可能认为，无论对自己还是来犯之敌来说，提前发出警告可以减少很多不必要的麻烦。所以，喜欢在昏暗地方生活的珊瑚蛇，从头到尾都是明亮的黑、红、黄三色条纹组合，以此提醒那些爱吃蛇的家伙:“别惹我，小心我有毒！”

珊瑚蛇

这个提醒相对有用，有些吃蛇的鸟会本能地避开任何有着黑、红、黄色条纹图案的细长物体，因为经验已经告诉它们：珊瑚蛇有毒，而且毒性还很强。珊瑚蛇还有一个恐怖的习惯，就是会紧紧咬着对手不放，甩都甩不掉。

牛奶蛇长得和珊瑚蛇很像，但它是没有毒的

在漫长的演化中，有一些无毒蛇“学习”了珊瑚蛇的样貌，比如，猩红王蛇、牛奶蛇等的体色、花纹都和珊瑚蛇类似。它们拟态有毒的珊瑚蛇，用这个办法来保护自己。对捕食蛇的动物们来说，如何辨认珊瑚蛇和珊瑚蛇的模仿者，真是件技术活儿。

珊瑚蛇的种类繁多，体纹和颜色变化多端，生活的地方也不一样，有的大多数时间生活在水中，有的生活在陆地上。

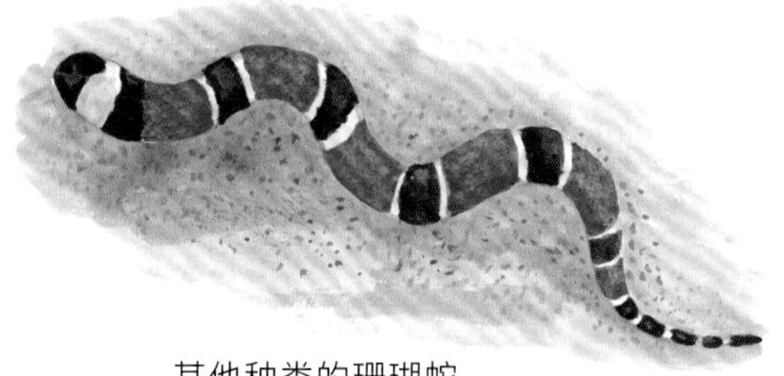
其他种类的珊瑚蛇

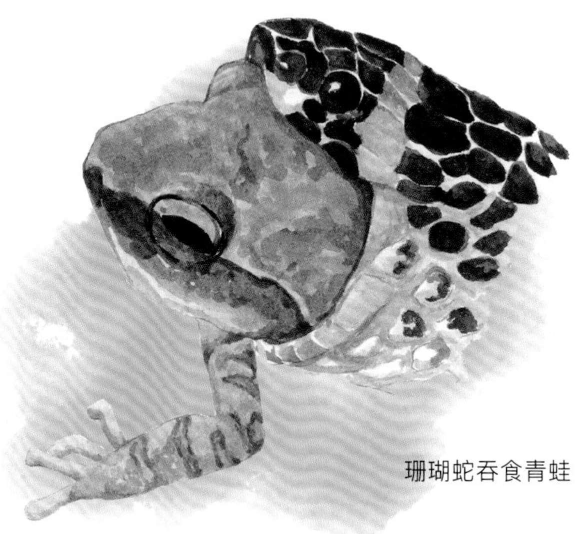
珊瑚蛇吞食青蛙

珊瑚蛇吃蜥蜴、青蛙和比自己小的蛇，真是狠起来连同类都不放过。珊瑚蛇并不喜欢攻击人类，除非先受到了袭击。

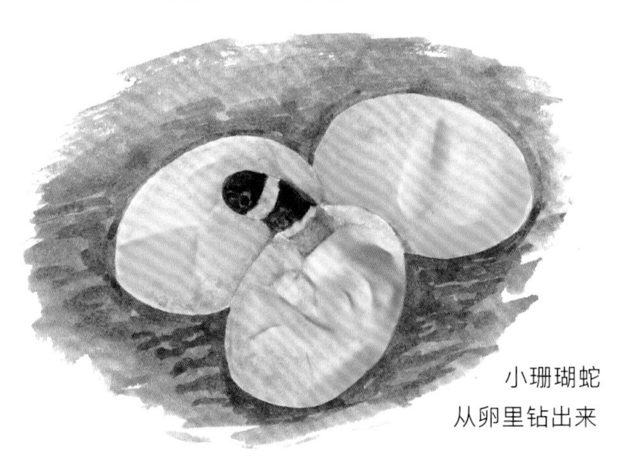
小珊瑚蛇从卵里钻出来

小珊瑚蛇是从卵里孵出来的，它一孵出来身体就带有剧毒，所以它完全可以自己保护自己。

海苹果不是苹果，甚至都不是海洋中的植物。海苹果是一种海参，是棘皮动物，它和我们常见的海参最不一样的地方是，它能够发出特别的警告！

为了保护自己，大部分海参会努力融入周围环境，由于海底的岩石、砂粒大多是灰色、褐色或黑色的，所以海参的颜色一般都非常低调。

海　参

海苹果偏偏与众不同，它身材滚圆，至少有红色、黄色及蓝紫色三种颜色，看起来活像一个彩色大苹果。海苹果以此表明自己很危险。

的确，海苹果不论内脏还是体表都有毒，也有人因此称它是“披着美丽外衣的死神”。但公平地说，海苹果性格温和，只在必要的时候释放毒素。这种毒素对其他无脊椎动物，比如海星、海胆几乎没什么影响，但对喜欢啄食海参的鱼儿等却会造成伤害。

海苹果

海苹果是有“脚”的，在它的体表有很多细小的管足。不过，海苹果并不喜欢走动，它大部分时间喜欢用管足将自己吸附在海底的硬物上。

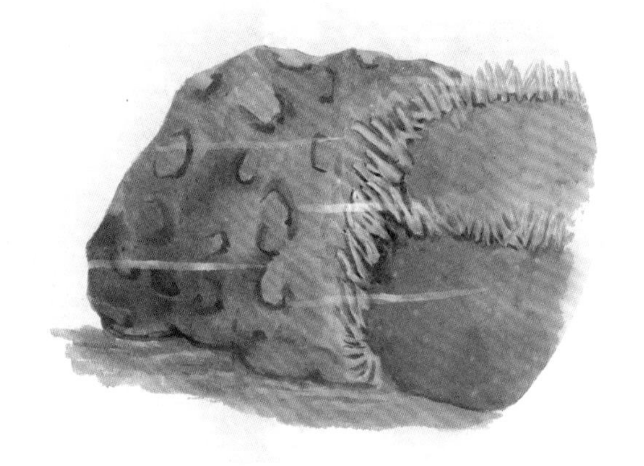

海苹果依靠管足，将自己吸附在礁石上

在海苹果的口部周围有很多触手。这些触手像树枝一样相互交错，海苹果用它们从水中“抓”一些浮游生物直接送到嘴里吃掉。

海苹果的触手可抓取海中的浮游生物，送到嘴里吃掉

海苹果虽然每天都吃东西，但是它的消化能力有限，所以吃的东西实际上很少。

和大多数海洋无脊椎动物一样，海苹果非常善于忍饥挨饿。一个健康的、充分进食过的海苹果，要经过半年以上的时间才可能会饿死。

珊瑚礁一直以来都是海洋动物的天堂，在这里生活着形形色色的鱼儿、海葵、海星等，其中，还有随时可能发出蓝色光圈警告的蓝环章鱼。

几乎所有的章鱼都善于改变自己的体色，蓝环章鱼也不例外，可能只是一眨眼的工夫，它们就可以和周围环境融为一体，任谁也发现不了。

当然啦，很多动物都有变色的本领，但是它们通通没有章鱼厉害，其中蓝环章鱼更厉害，它还可以利用变换的体色发出警告。简单来说，当蓝环章鱼捕猎或感觉到危险时，它的体色就会迅速变成亮黄色，并且“启动”身上那些鲜艳亮丽的蓝环，提醒所有遇到的动物：“我不是等闲之辈！”这也可以称为“蓝圈警告”。

一只螃蟹向隐藏在礁石边的蓝环章鱼爬来

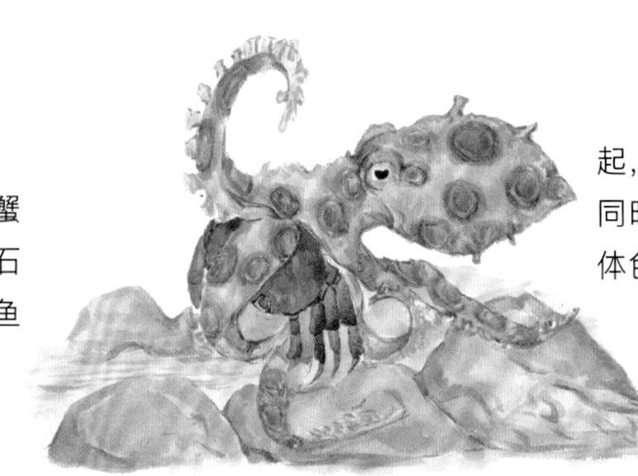

蓝环章鱼跃起，将螃蟹抓住，同时蓝环章鱼的体色发生了变化

蓝环章鱼的身体虽然只有高尔夫球那么大，但是它的毒液比眼镜蛇还厉害。据说，一只蓝环章鱼携带的毒液可以杀死 26 个成年人。

蓝环章鱼的个头儿不大，和高尔夫球的大小差不多

和大多数章鱼一样，蓝环章鱼喜欢过隐匿的生活。它常常躲在岩石间的裂缝中、空贝壳里、废弃的瓶子或罐头瓶中。为了吸引猎物，比如小鱼、螃蟹等过来，它还会挥舞着腕足的末端，假装这儿有会动的虫子。

如果蓝环章鱼的腕足受伤或断掉了，大约只需要六周，它就可以再生一只新的。

蓝环章鱼妈妈是个好妈妈，它总是把卵吸在腕足的下方，不吃不喝地守护着它们。等到小家伙们一个个孵了出来，蓝环章鱼妈妈却因为太累了，没多久便会死去。

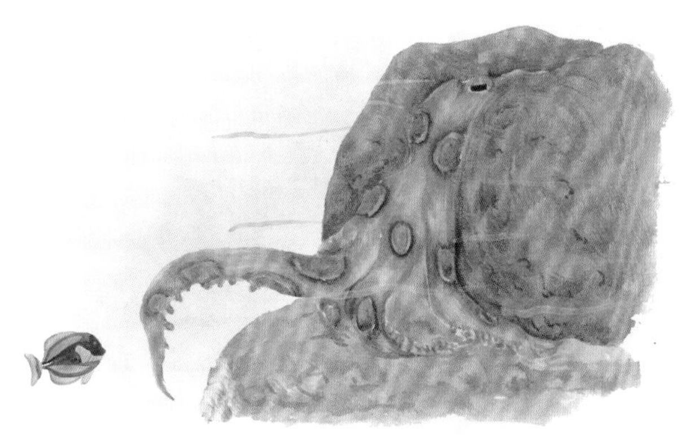

躲在岩石缝中的蓝环章鱼，伸出一只腕足，吸引小鱼前来

黎明和黄昏，都是属于条纹臭鼬的时间。这个小家伙体形不大，也没有利爪尖牙，却穿着黑白分明的“夹克”，大摇大摆地在草丛中走来走去，毫不畏惧。

特别要说明的是，和那些毒蛇不一样，条纹臭鼬没有毒。那它为什么不怕被那些可怕的食肉动物，比如美洲豹发现呢？

条纹臭鼬

原因很简单，条纹臭鼬名字中的“臭”字可不是白叫的。在必要的时候，它会将屁股对准敌人，“刺——”连续喷射出液体状的“臭气弹”。

条纹臭鼬放出“臭气弹”

这种“臭气弹”比臭鸡蛋、臭豆腐的臭味还要臭得多，要是沾到身上了，臭味很久都散不掉。“臭气弹”要是不小心溅到鼻子或者嘴里，更是剧痛无比；要是溅到眼睛里，不仅疼，还可能会导致暂时失明。总之，很多动物一见到这样黑色皮毛上有白色条纹的家伙，就知道这是位恐怖的臭气制造者，还是不惹为妙。

美洲豹看到条纹臭鼬都要绕着走

两只条纹臭鼬即使打架，也不会用“臭气弹”互相攻击。因为条纹臭鼬的“臭气弹”制造起来并不容易，所以它们不会随便使用。在遇到威胁时，条纹臭鼬除了用与生俱来的黑白条纹提醒对方之外，有时候它们还会用前爪使劲跺地，以示警告。

条纹臭鼬用前爪跺地，警告对方

条纹臭鼬的幼崽

刚刚出生的条纹臭鼬像老鼠一样小，眼睛睁不开，也不能发射“臭气弹”，因此条纹臭鼬妈妈会照顾幼崽很长一段时间。

条纹臭鼬一点儿也不挑食，它们既能挖出植物的根来吃，也很乐意享受果实和种子，还会抓昆虫，品尝鸟蛋、青蛙、鱼和小型啮齿类动物等。

仔细看看这个“平头哥”吧。它那平平的头顶，还有背上那层白色的毛发，多么萌而有趣！然而，在当地，“平头哥”的邻居们，小至蜜蜂大到狮子，都不太愿意招惹它。

这个“平头哥”的真实身份是蜜獾(huān)，它是臭鼬的亲戚。当地的动物一看到它那独一无二的造型，就知道这家伙相当难缠，还是不惹为妙。

蜜獾的奇特“发型”

蜜獾是挖洞的好手

蜜獾经常用前肢那对很可怕的长爪子挖掘地洞或者觅食，它只需一分钟就能挖一个和自己差不多大的地洞。

蜜獾的菜谱相当丰富多样，既有植物，也有动物。其中包括眼镜王蛇——蜜獾可是吃蛇的能手。此外，蜜獾也确实“獾如其名”，酷爱吃蜂蜜以及蜜蜂的幼虫和蛹。

蜜獾跟随响蜜䴕鸟，找到了一个蜂巢

据说，有一种叫作响蜜䴕（liè）的鸟会引导蜜獾找到蜂巢，然后它们会一起分享蜂巢里的食物，不过响蜜䴕和蜜獾的这种合作关系还有待进一步研究。

蜜獾皮糙肉厚、爪牙锋利，而且性情暴躁、胆子大，从不惧怕打架——无论对方是谁。你能想象吗？无论是狮子、鬣（liè）狗，还是善于群体作战的非洲野狗，抑或是身怀毒液的毒蛇、浑身都是刺的豪猪，蜜獾都曾和它们有过“面对面的冲突”。而且在这些“冲突”中，蜜獾的战绩还十分不错：不仅在很多时候保住了小命，有时候还能小胜一把。

蜜獾挑战鬣狗

蜜獾是捕蛇的能手

蜜獾很可能是动物园里最会逃跑的动物之一，它能咬开铁笼子、咬断铁链子，还能在水泥墙上挖个洞，然后逃之夭夭。